Les mots en gras dans le texte sont expliqués à la fin du livre dans **mon p'tit dico**.

Cet ouvrage a été réalisé avec la collaboration de Laurent Palet pour la correction.
Mise en page : Graphicat


1, rond-point du Général-Eisenhower, 31101 Toulouse Cedex 9, France



Dépôt légal : septembre 2019
ISBN : 978-2-4080-1379-0
Achevé d'imprimer au 3e trimestre 2019 en Chine
**editionsmilan.com**

# Le climat

Texte de Cédric Faure
Illustrations de Kei Lam

MILAN

# Qu'est-ce que le climat ?

Le climat correspond au temps qu'il fait habituellement dans une région du monde pendant une période de plusieurs mois. Sur la Terre, il existe de nombreux climats très différents les uns des autres. Ils influencent fortement le paysage et la **biodiversité**.

TEMPÉRÉ
ÉQUATORIAL
POLAIRE
TROPICAL
DÉSERTIQUE

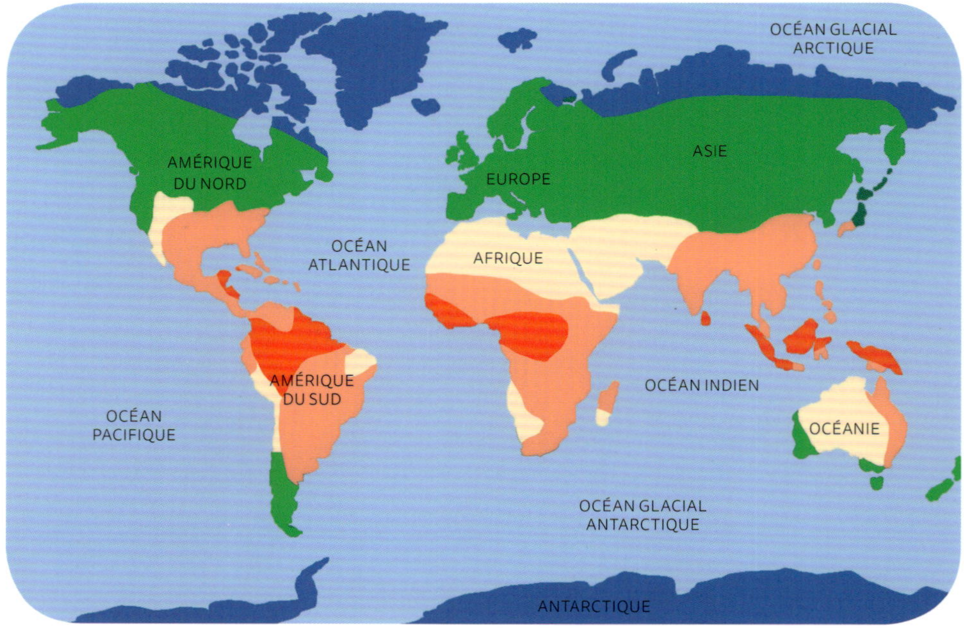


Le climat **tempéré** n'est ni trop chaud, ni trop froid, ni trop sec, ni trop humide.

Le climat **tropical** est toujours chaud. Il est marqué par une saison humide et une saison sèche.

Le climat **équatorial** est chaud et humide toute l'année.

Le climat **désertique** est un climat sec et chaud, avec très peu de précipitations.

Le climat **polaire** est caractérisé par des températures très basses. Il fait toujours froid.

La climatologie est la science qui permet d'étudier le climat. Les climatologues analysent les **températures** et les **précipitations** sur une longue durée (plusieurs mois ou plusieurs années). Ces informations sont représentées sur des **diagrammes**.

Températures annuelles (°C)

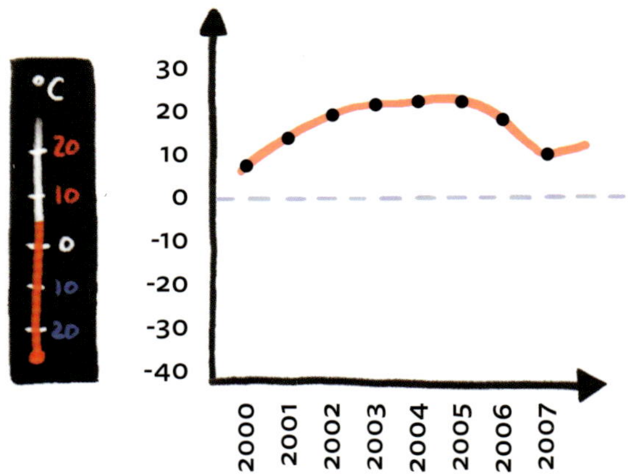


Précipitations annuelles (mm)

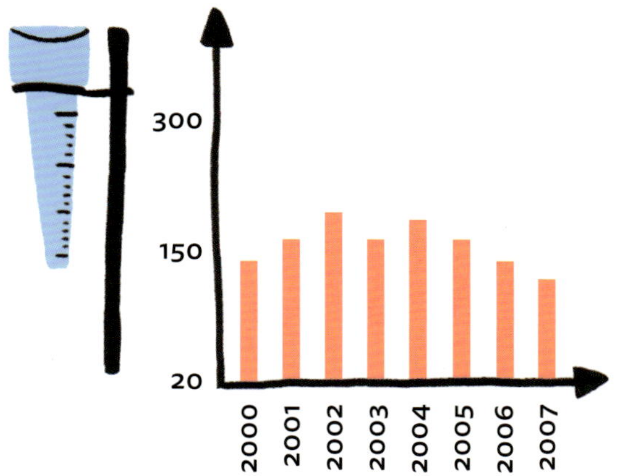

# Quelle est la différence entre météo et climat ?

La climatologie et la météorologie sont très liées. Ces deux sciences étudient les mêmes **phénomènes météorologiques**. C'est la durée de ces études qui fait la différence entre les deux.

Les météorologues s'intéressent au temps qu'il fait le jour même ou dans la semaine. Ils analysent les phénomènes météorologiques sur des durées courtes et des zones géographiques limitées.

Les climatologues étudient ces phénomènes sur des régions plus vastes (un pays, un continent ou même la Terre) et sur des durées plus longues (des mois, des années ou des siècles).

Dans les deux cas, les chiffres importants sont ceux de la **température** et de la quantité de **précipitations**.

## Expérience !

### Calcule la température moyenne dans ta ville

Une calculatrice est nécessaire.

**1.** Tu dois commencer par **relever** la température tous les jours à la même heure, pendant un mois, à l'aide d'un thermomètre placé à l'extérieur.

**2.** Tu notes les températures dans un tableau.

**3.** Au bout d'un mois, tu additionnes toutes les températures notées dans le tableau.

**4.** Puis tu divises le résultat obtenu par le nombre de jours du mois (30 ou 31).

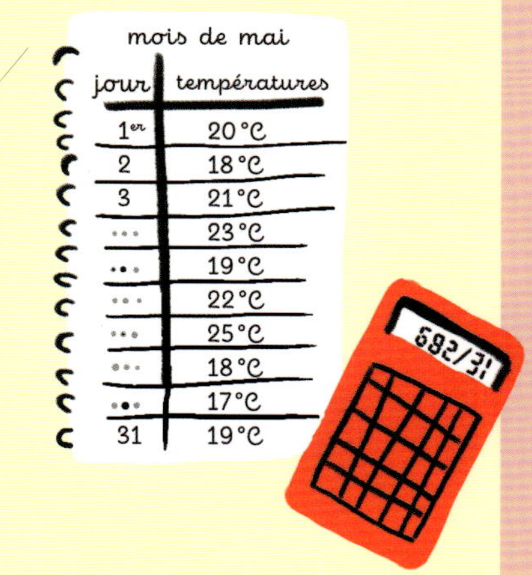


**5.** Le nombre obtenu correspond à la température moyenne du mois.

# À quoi sert une station météorologique ?

Pour mesurer l'évolution des **phénomènes météorologiques**, les scientifiques font des mesures régulières à l'aide de différents instruments. On les trouve dans les stations météorologiques.

Le **thermomètre**, placé à l'extérieur, permet de **relever** la **température** à différents moments de la journée.
Avec le **pluviomètre**, on peut connaître la quantité d'eau de pluie tombée.

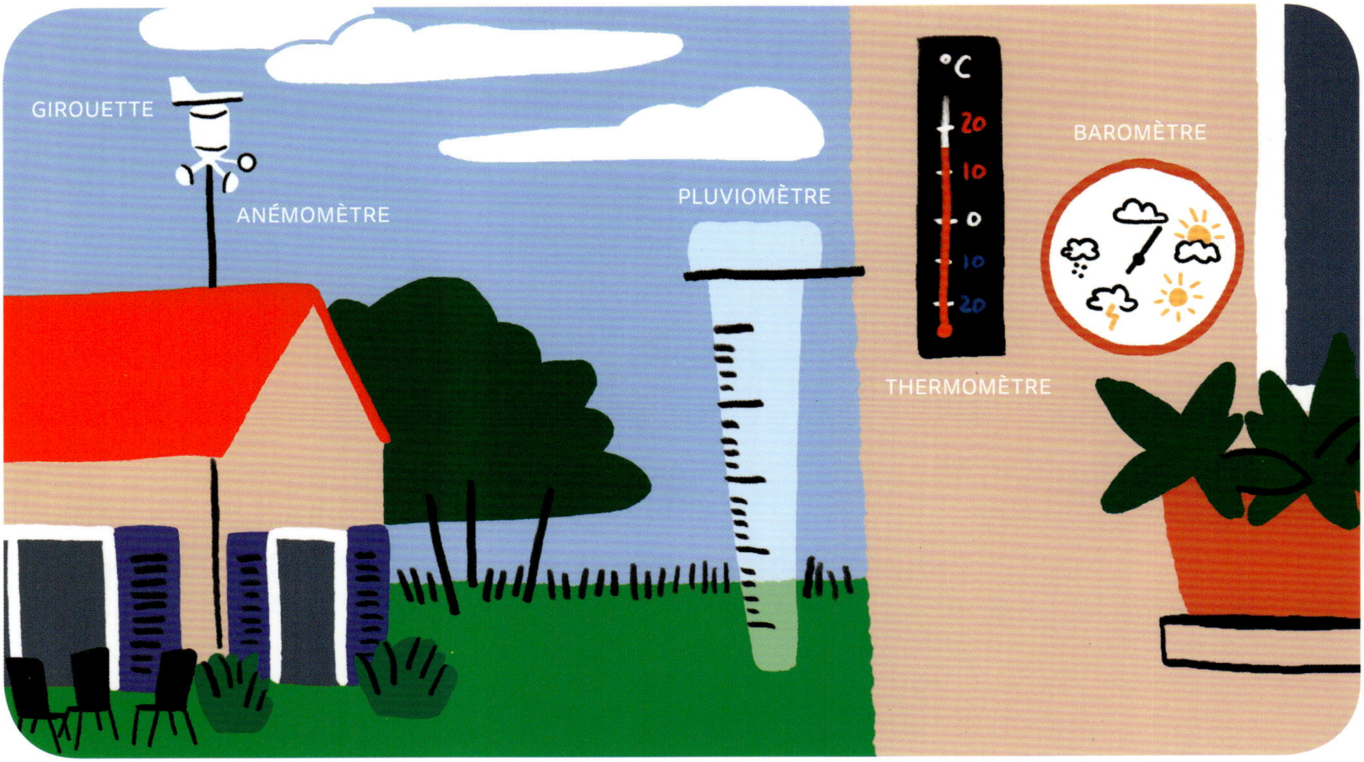


La **girouette** et l'**anémomètre** donnent des indications sur la direction et la force du vent.

Le **baromètre** donne une idée du temps qu'il fait, grâce à la **pression atmosphérique**.

## Expérience !

### Construis un baromètre

Il te faut un pot de confiture, un ballon de baudruche, une paille, un élastique, des ciseaux et de la colle.

**1.** Recouvre le pot avec le ballon découpé en rond. Puis fixe-le grâce à l'élastique.

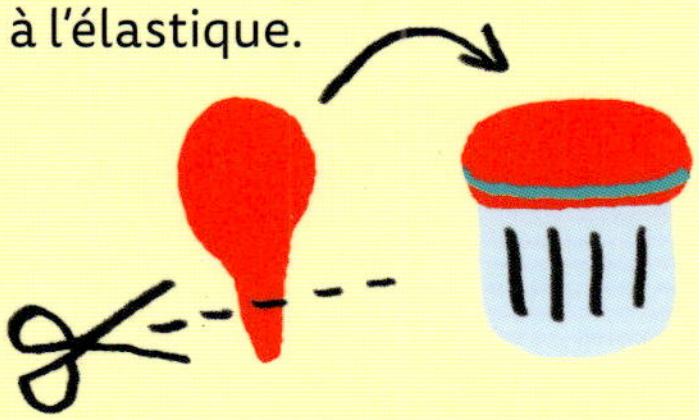

**2.** Fais couper en pointe, par un adulte, une des extrémités de la paille.

**3.** Colle-la au centre du ballon.

**4.** Place le pot avec la paille devant un morceau de carton. Trace sur le carton une ligne horizontale au niveau de la pointe de la paille.

**5.** Dessine un soleil au-dessus de la ligne et un nuage au-dessous.

Quand la pression atmosphérique (à l'extérieur du pot) sera plus haute que la pression à l'intérieur du pot, la membrane se creusera. La paille montera vers le soleil : il va faire beau.

À l'inverse, quand la pression atmosphérique sera basse, la membrane du ballon gonflera et la paille baissera vers le nuage : le temps va se couvrir (pluie, nuage ou vent).

# Pourquoi y a-t-il des climats différents sur la Terre ?

Le Soleil est responsable de la **température** à la surface de la Terre. Mais ses rayons ne frappent pas la surface de notre planète de la même manière aux **pôles** et à l'**équateur**.

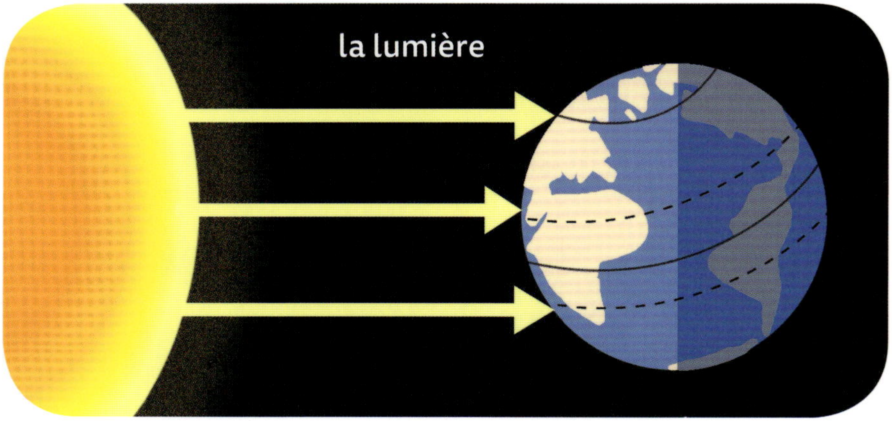


Comme le Soleil est plus gros que la Terre et très loin, les rayons qu'il envoie sont parallèles entre eux. Mais la Terre est ronde. La zone éclairée par un rayon solaire est donc plus étalée vers les pôles. Vers l'équateur, les rayons sont plus concentrés.

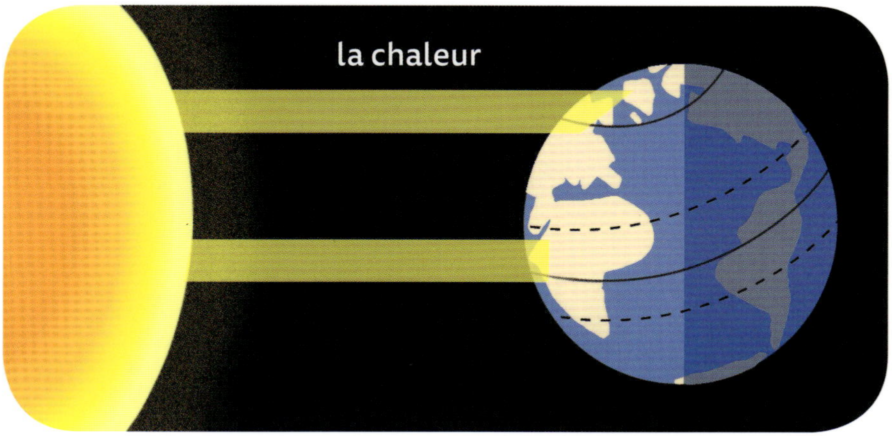


Et les rayons solaires mettent plus de temps pour arriver au pôle. Il fait donc plus chaud à l'équateur et beaucoup plus froid aux pôles.

## Expérience !

### Éclaire la Terre !

Une feuille de papier noir représente la surface de la Terre. Une lampe (le Soleil) éclaire cette feuille.

Quand le faisceau de lumière est perpendiculaire à la feuille (comme à l'équateur), il dessine une petite tache de lumière circulaire. La lumière est concentrée.

Si la feuille est inclinée (comme aux pôles), la lumière est étalée.

## Expérience !

### Où fait-il le plus chaud ?

Tu peux éclairer deux carrés de chocolat avec deux lampes identiques : un carré sera éclairé « par le dessus » (équateur), tandis que l'autre sera éclairé « par le côté » (pôle). Le carré de chocolat éclairé « sur le côté » fond moins vite que celui éclairé « par le dessus ».

# Quelle est l'influence du vent ?

Si seul le Soleil agissait sur le climat, il y aurait de trop grandes différences entre les régions sur Terre. Mais le vent participe aussi au temps qu'il fait.

Le vent, c'est le mouvement de l'air qui recouvre la Terre. Il est provoqué par les différences de **température** à la surface de la planète.

L'air est plus chaud à l'**équateur** et plus froid dans les régions **tempérées** et aux deux **pôles**.

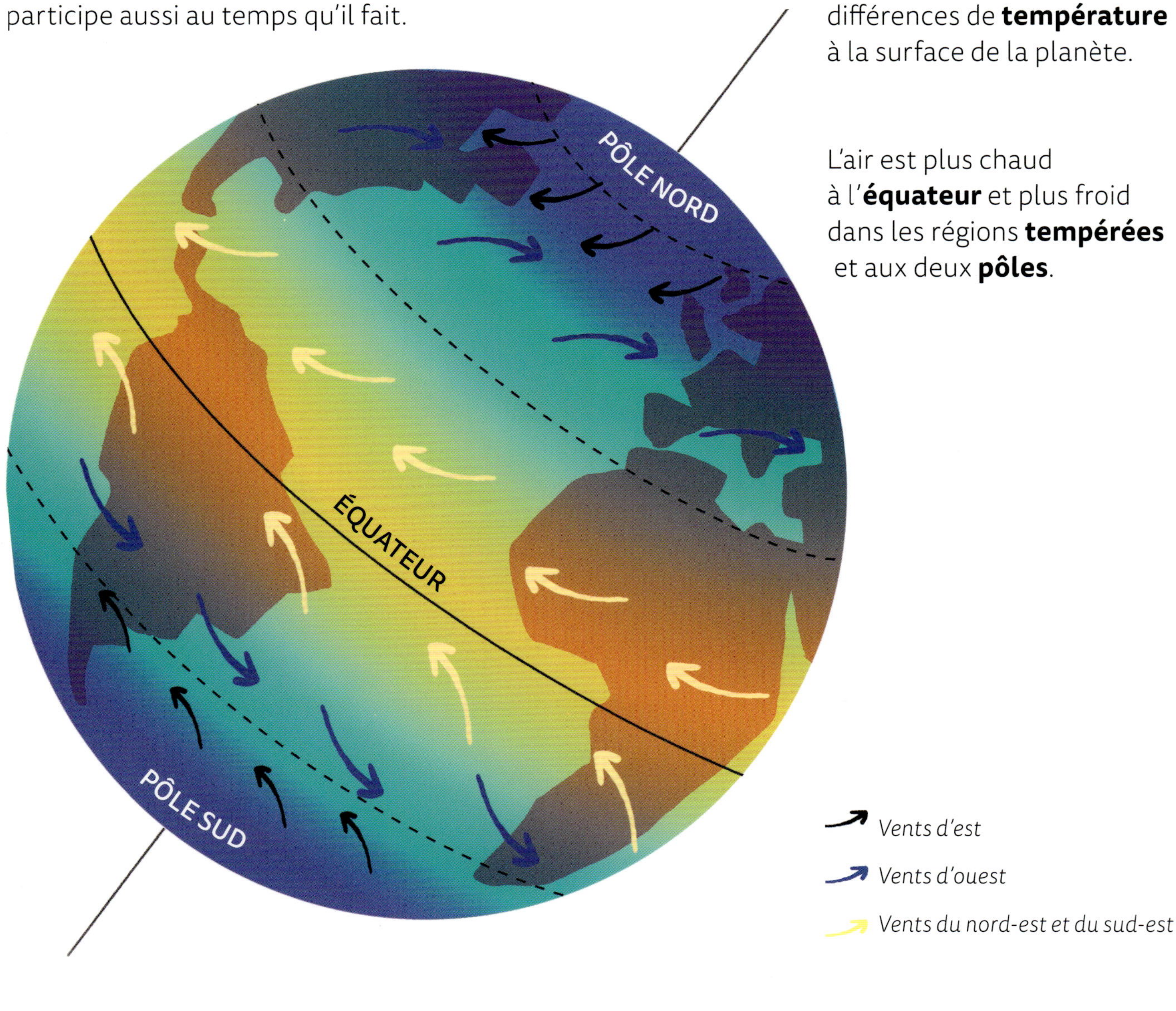

Comme l'air chaud est plus léger que l'air froid, il monte. En **altitude**, il se refroidit, devient plus lourd et redescend. Quand l'air chaud monte, il est remplacé par l'air plus froid. Cela crée des courants d'air autour de la planète : ce sont les vents.

Le vent permet donc de transporter la chaleur à la **surface** de la planète.

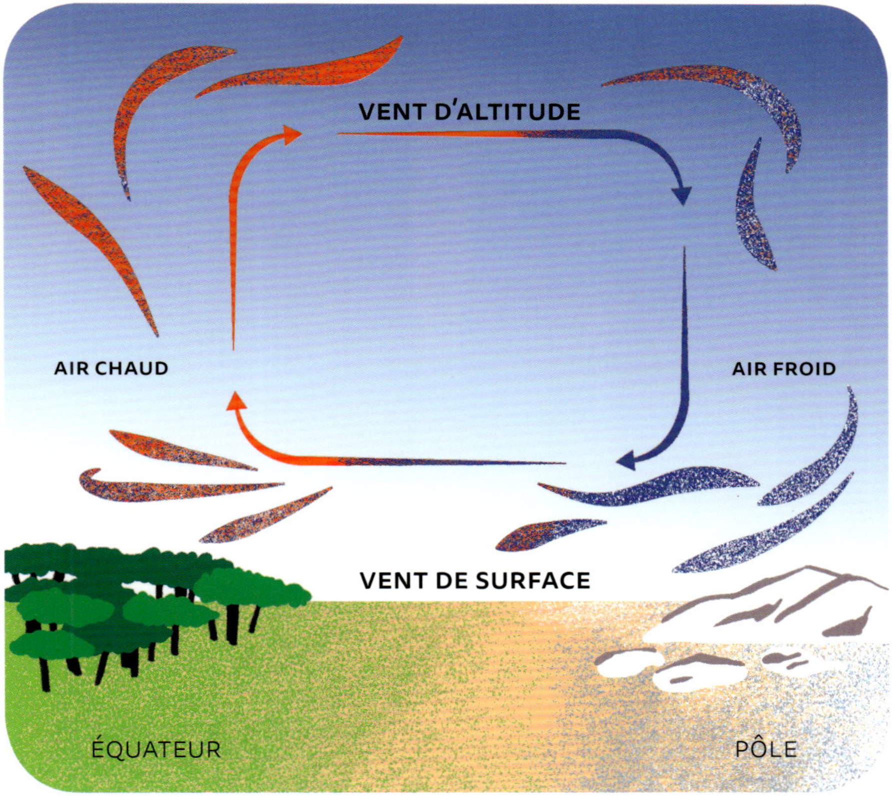


## Expérience !

### L'air chaud monte !

**1.** Découpe une spirale en papier.

**2.** Perce un trou au centre de la spirale, puis attache un fil dans ce trou.

**3.** Quand tu tiens la spirale au-dessus d'un radiateur allumé, elle se met à tourner à cause du mouvement de l'air. C'est la preuve que l'air chaud monte.

# Comment les nuages se forment-ils ?

On craint parfois les nuages car ils annoncent souvent le mauvais temps. Ils peuvent aussi **influencer** le climat. Un nuage est formé d'un ensemble de gouttelettes d'eau.

En s'élevant en **altitude**, l'air se refroidit. La **vapeur d'eau** qu'il contient se transforme en gouttelettes. Elles sont si légères qu'elles restent **en suspension** et forment des nuages.

## Expérience !

### Fabrique un nuage dans un bocal

Il te faut un bocal en verre, un spray d'eau, de l'eau très chaude et des glaçons.

1. Demande à un adulte de verser de l'eau très chaude dans le fond du bocal.

2. Place les glaçons dans le couvercle retourné, posé sur le bocal.

Les nuages sont à l'origine des **précipitations**. Dans un nuage, les gouttelettes légères, qui flottent, se choquent entre elles et se rassemblent pour former des gouttes de plus en plus grosses. Elles deviennent plus lourdes et commencent à tomber.

Les nuages empêchent aussi une partie des rayons solaires d'arriver sur Terre, un peu comme un parasol. En été, quand un gros nuage passe, on ressent rapidement une baisse de la **température**.

**3.** Vaporise un peu de l'eau du spray à l'intérieur du bocal, puis remets immédiatement le couvercle en place.

**4.** Un nuage apparaît parce que des gouttelettes d'eau se forment en s'accrochant aux particules d'eau du spray.

**5.** Et si tu ouvres le couvercle, le nuage s'échappe !

# Quel est le rôle des océans ?

Les océans et les mers couvrent plus de la moitié de la **surface** de la Terre. Ce sont des réservoirs de chaleur : ils conservent la chaleur reçue par les rayons du Soleil. C'est donc au niveau de l'**équateur** que l'eau est la plus chaude.

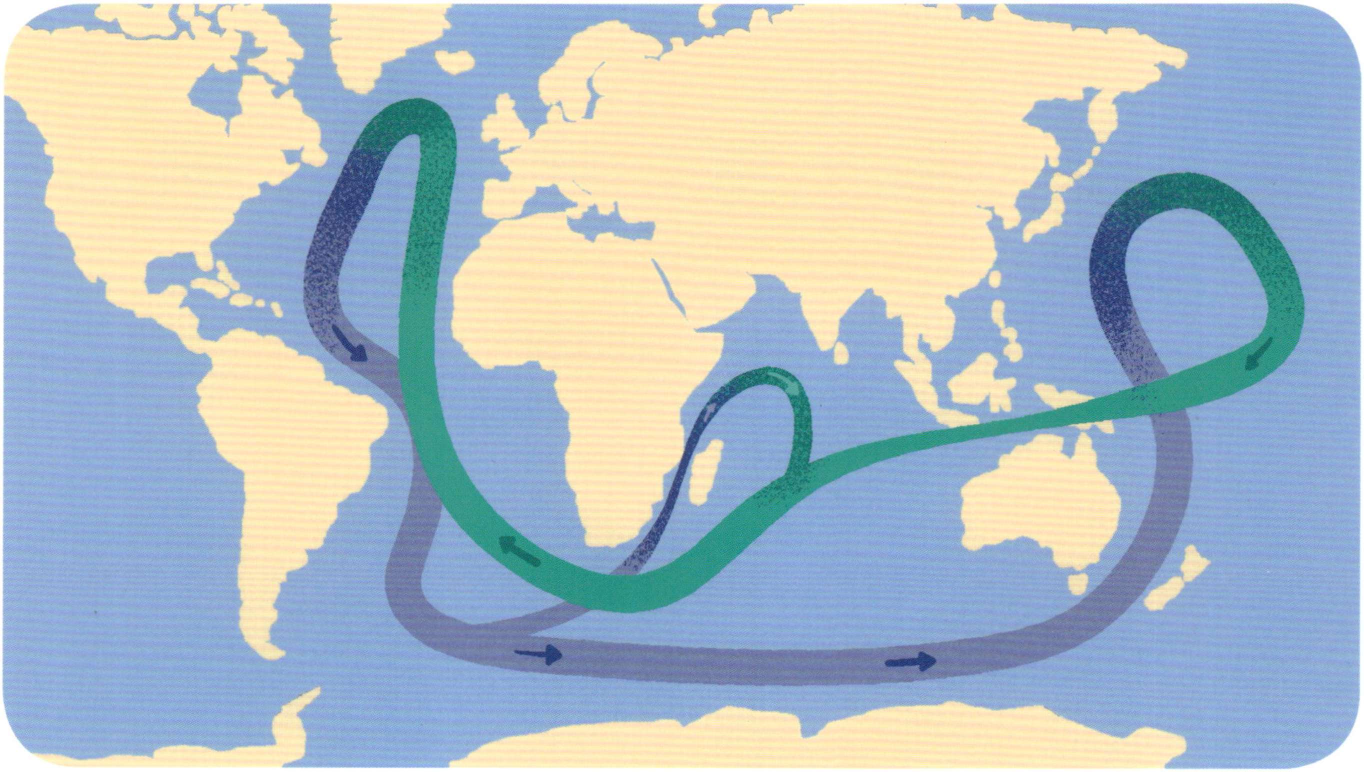

L'eau chaude des océans reste en surface. Les **courants marins** la transportent vers les pôles. Dans les régions polaires, cette eau devient plus froide. L'eau froide est plus **dense** que l'eau chaude. En se refroidissant, elle descend vers le fond de l'océan. Puis elle retourne dans les régions **tropicales** pour se réchauffer.

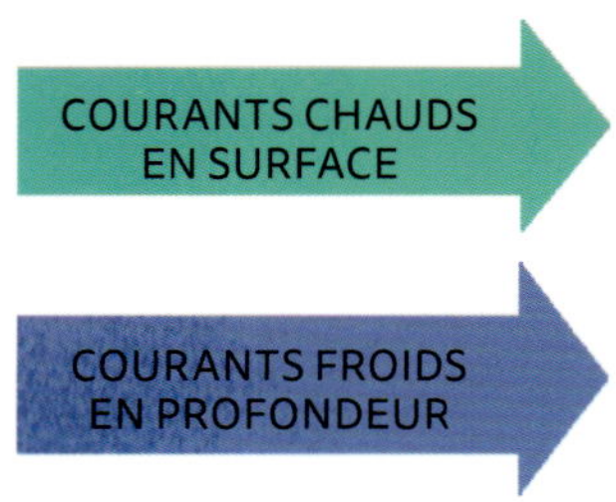

Les océans répartissent la chaleur emmagasinée sur le globe. Ils en renvoient une partie dans l'air. Sans les **courants marins**, il ferait encore plus chaud à l'équateur et plus froid aux pôles.

Un courant marin, c'est comme un tapis roulant. Une goutte d'eau met plus de 1 000 ans à faire une boucle complète.

## Expérience !

### Courant froid et courant chaud

**1.** On peut créer un courant marin avec deux bouteilles : l'une contient de l'eau chaude (colorée en rouge), et l'autre de l'eau froide (colorée en bleu).

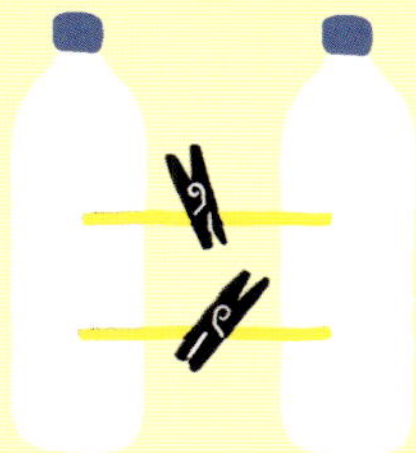

**2.** Il suffit de relier les bouteilles avec deux pailles pincées en leur milieu, et de rendre le dispositif étanche avec un pistolet à colle.

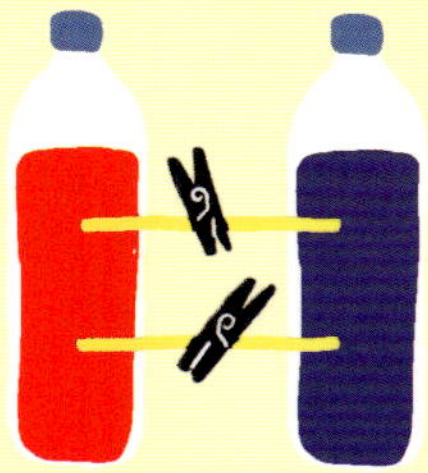

**3.** Quand on retire les pinces, l'expérience démarre...

**4.** L'eau rouge, plus chaude, circule dans la paille du haut tandis que l'eau bleue, plus froide, passe dans la paille du bas.

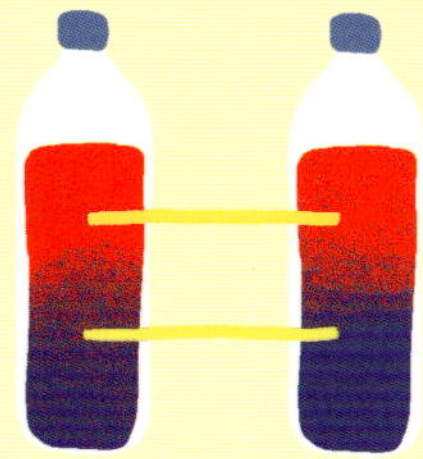

# L'effet de serre, c'est quoi ?

L'effet de serre naturel est un **phénomène** qui permet à la Terre de garder une **température** acceptable pour permettre la vie.

La Terre est entourée d'une couche de **gaz** qui forme l'**atmosphère**. Comme les vitres d'une **serre** qui permet de cultiver les plantes, l'atmosphère laisse passer la lumière du Soleil mais piège la chaleur.

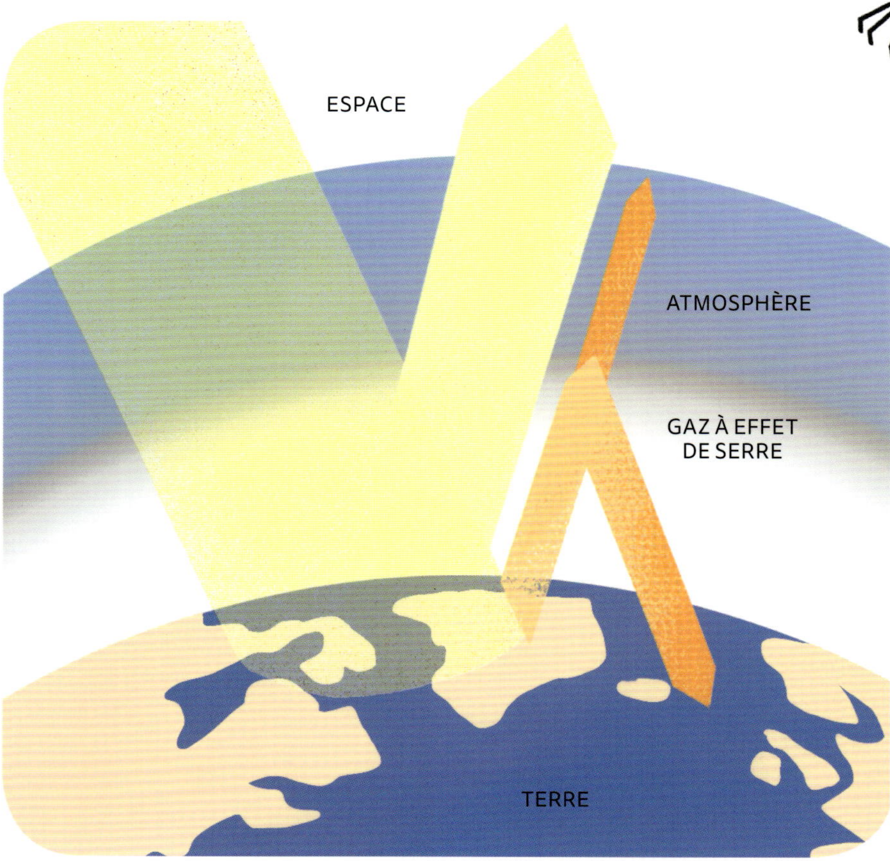


Quand les rayons du Soleil arrivent sur la Terre, celle-ci chauffe et renvoie une partie de sa chaleur vers l'espace.

Une partie de la chaleur émise par la Terre est récupérée par l'atmosphère et renvoyée vers la Terre, ce qui la réchauffe. Les gaz de l'atmosphère qui piègent la chaleur sont appelés gaz à effet de serre.

## Expérience !

### Comprendre l'effet de serre

**1.** Place au soleil deux verres identiques remplis d'eau.

**2.** Pose un saladier en verre sur l'un d'eux.

**3.** Laisse agir le soleil pendant 1 heure. Puis mesure avec un thermomètre la température de l'eau contenue dans les deux verres. Celle du verre placé sous le saladier est plus élevée.

Le saladier a piégé la chaleur et l'a empêchée de s'échapper. Comme la chaleur est restée sous le saladier, elle a chauffé l'eau. C'est ce phénomène qu'on appelle l'effet de serre.

Sans l'effet de serre, la température moyenne sur la Terre serait de - 18 °C. Grâce à lui, il fait environ + 15 °C en moyenne.

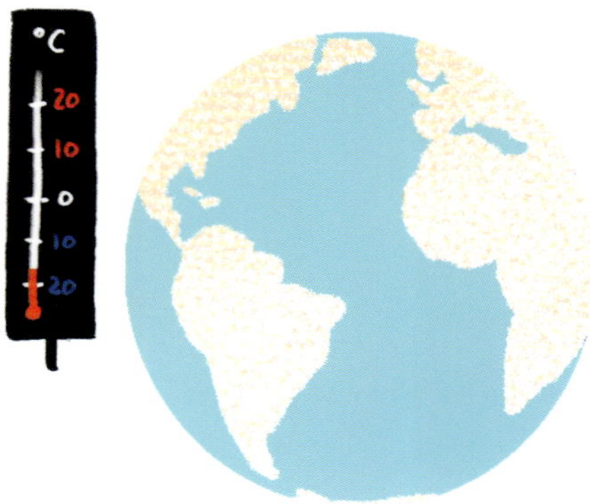


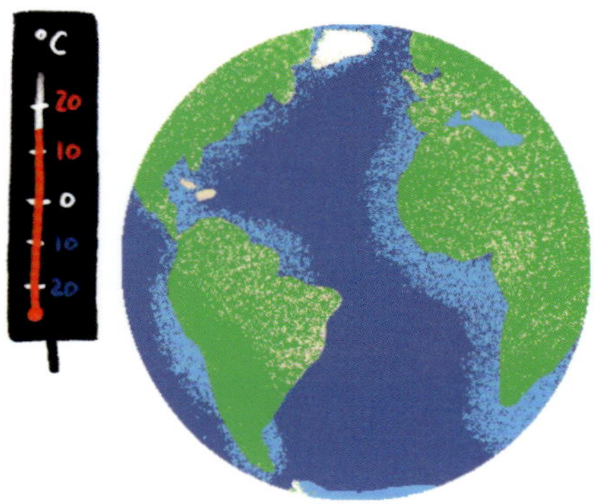

# C'est quoi, le changement climatique ?

Le changement climatique est une modification de la **température** moyenne des océans et de l'**atmosphère**. Cela se produit dans le monde entier et sur plusieurs années. Le climat subit des **variations** naturelles qui se reproduisent régulièrement. Plusieurs raisons expliquent ces variations :

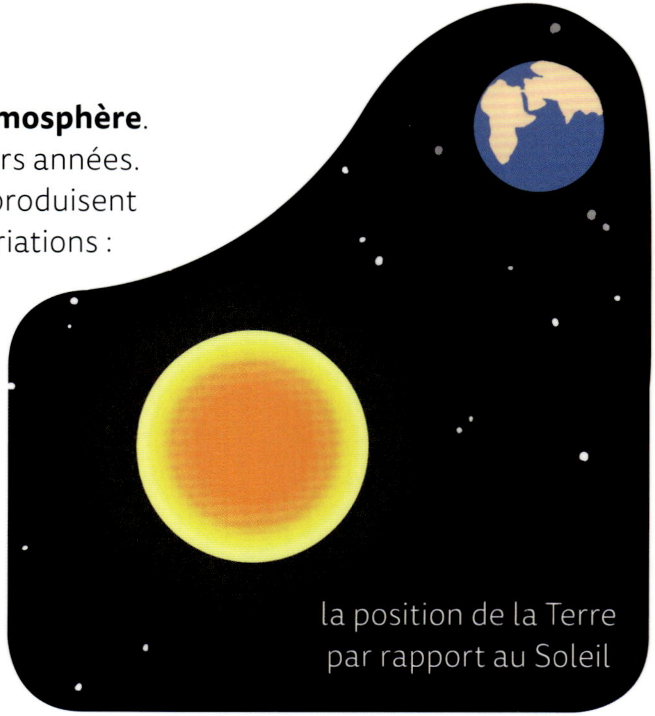

Notre planète est actuellement touchée par un changement climatique : il fait plus chaud, les glaciers et les banquises fondent, il y a de plus en plus d'**événements climatiques** extrêmes comme les cyclones ou les raz de marée.
La Terre se réchauffe.
C'est le réchauffement climatique.

Cela ne veut pas dire qu'une région qui avait jusqu'à présent un climat **tempéré** aura brutalement un climat **désertique**.
Mais il pourra y faire plus chaud ou y pleuvoir plus souvent.

# Quelle est l'histoire du climat de la Terre ?

Au cours de son histoire, la Terre a connu différents climats. Des **périodes** glaciaires, où il fait très froid, ont **alterné** avec des périodes de réchauffement de la planète. En ce moment, nous sommes dans une période de réchauffement de la planète.

À certaines périodes, la Terre était presque entièrement recouverte de neige et de glace. Elle ressemblait à une énorme boule de neige.

À d'autres moments, il faisait partout beaucoup plus chaud qu'aujourd'hui : par exemple, à l'époque des dinosaures, l'Antarctique n'était pas recouvert de glace.

Durant la **préhistoire**, les hommes ont vécu dans une période glaciaire. Mammouths, rennes et ours vivaient dans nos régions en Europe, et en Asie.

Le Petit Âge glaciaire est une période climatique froide apparue en Europe et en Amérique du Nord vers la fin du **Moyen Âge**.

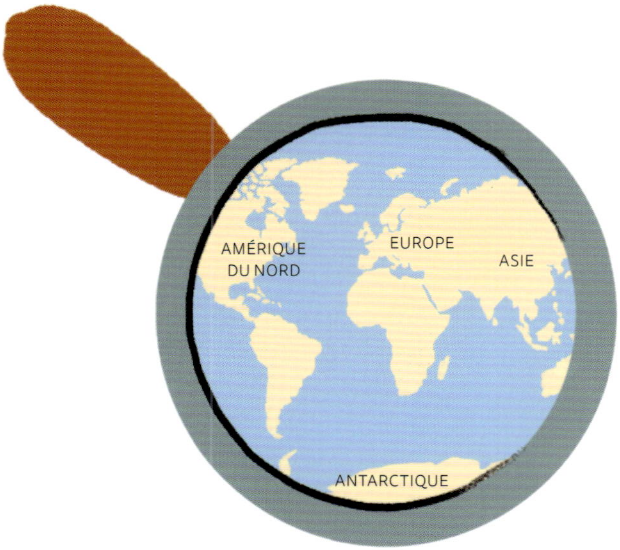


Aujourd'hui, l'Amérique du Nord, l'Europe et l'Asie ont en grande partie un climat **tempéré**.

# Comment connaît-on le climat passé ?

Les **relevés météorologiques** n'existent pas depuis longtemps. Pour connaître les climats anciens, il faut donc trouver d'autres **indices**, dans la nature par exemple.

Les scientifiques font descendre un long tube dans le sol, au fond d'un lac ou dans un glacier. Ils prélèvent un **échantillon** appelé **carotte**. Plus ils creusent, plus ils remontent le temps. Ils observent ensuite cet échantillon au **microscope**.

Dans une carotte de glace, on peut analyser la **composition** de la glace, qui change. À l'intérieur d'une carotte de sol, on retrouve les pollens des plantes qui poussaient à l'époque, mélangés à des morceaux de coquilles d'animaux qui vivaient alors.

En fonction de tout cela, on sait si le climat était chaud ou froid.

Les arbres aussi nous donnent des indices. Chaque **cerne** correspond à une année de vie de l'arbre. Quand le climat est bon pour l'arbre, le cerne est large. Quand le climat est mauvais, le cerne est étroit.

## Découvre le climat passé !

Observe des **souches** d'arbres en forêt. Tu peux compter les cernes pour connaître leur âge et retrouver un peu de l'histoire du climat.

# Quelles sont les causes du changement climatique actuel ?

La **température** de la Terre est due à l'effet de serre. Le problème, c'est que, à cause des activités humaines, l'effet de serre augmente. Cela entraîne donc une augmentation de la température moyenne.

Pour fonctionner, les usines et les machines (voitures, camions, chauffage...) brûlent du charbon, du pétrole et du **gaz**, qui sont nos principales **sources d'énergie**. Cela rejette des gaz dans l'air, par exemple du **dioxyde de carbone**.

Et les gaz émis par les activités humaines accentuent l'effet de serre.
Ce sont des gaz à effet de serre.

Les pets et les rots des vaches rejettent du méthane, un autre gaz à effet de serre.

## Mauvaises coupes

Pour pousser, les arbres utilisent le dioxyde de carbone qui est dans l'air. En coupant les forêts, on diminue leur quantité.
Les arbres sont alors moins nombreux pour absorber ce gaz à effet de serre.

# Le changement climatique, ça provoque quoi ?

Il fait de plus en plus chaud sur la Terre. Avec le réchauffement climatique, la **température** de la Terre augmentera de 1 à 5 °C dans les 100 prochaines années. Cela a déjà beaucoup d'effets sur la nature.

Les paysages changent : les déserts grandissent de plus en plus. La **banquise** a commencé à fondre, les **glaciers** des continents aussi.

Le niveau des mers et des océans monte, entraînant des inondations et la disparition de certaines îles. Cela oblige des millions de personnes à se déplacer et à quitter leurs habitations.

Les **événements climatiques** extrêmes deviennent plus fréquents : canicules, ouragans, inondations, sécheresses...

La **biodiversité** est menacée : de nombreuses espèces disparaissent, d'autres changent leurs habitudes. Par exemple, les cigognes blanches. Ces oiseaux migrateurs passent habituellement l'hiver dans des pays chauds. Mais certains restent maintenant toute l'année en France.

L'ours polaire, qui vit sur la banquise, voit son habitat disparaître peu à peu.

Ces changements ont aussi un effet sur la santé humaine. Des insectes, comme le moustique tigre, s'installent dans de nouvelles régions. Cela entraîne la propagation de maladies.

# Pourquoi le niveau des eaux s'élève-t-il ?

Si le réchauffement de la planète continue, le niveau des mers et des océans montera d'environ 1 mètre dans les 100 prochaines années. La fonte des glaces est une des explications de cette élévation.

**aujourd'hui** **dans le futur**

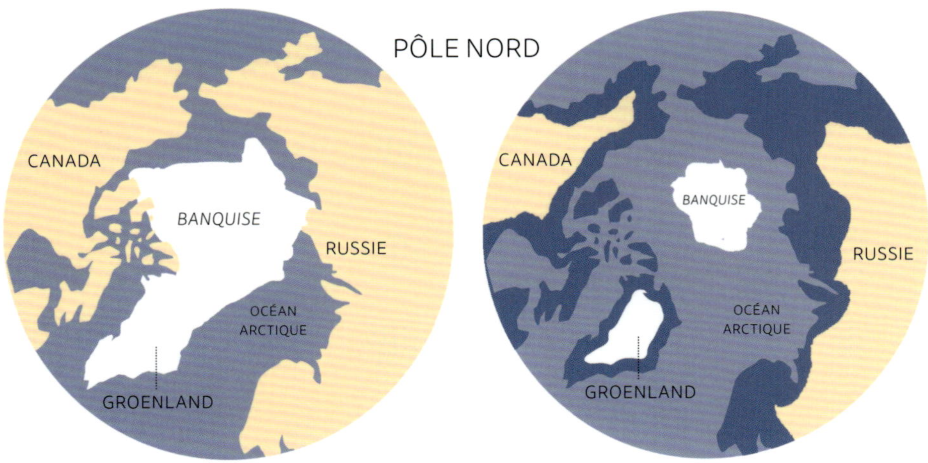


La **banquise** se forme dans l'océan quand sa surface gèle. Elle flotte à la surface de l'océan Arctique, au pôle Nord. Qu'elle fonde ou pas, le niveau des océans reste le même, car elle est déjà dans l'eau.

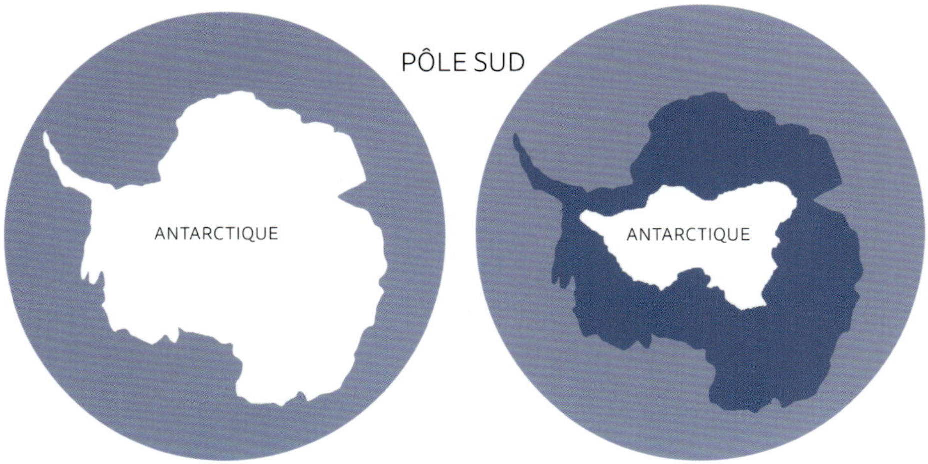


Les glaces continentales se situent sur terre, ce sont les **glaciers** et les **calottes glaciaires** (Groenland, Antarctique). Ce sont ces glaces-là qui font monter le niveau des océans lorsqu'elles fondent.

## Expérience !

### Si la glace fond, le niveau de l'eau monte-t-il ?

Pour répondre à cette question, il te faut deux récipients identiques contenant un peu d'eau, des petits cailloux, des glaçons et une figurine.

**1.** Dans un des récipients, pose les glaçons sur les cailloux : c'est l'Antarctique.

Si la glace continentale fond, elle fait monter le niveau de l'eau.

**2.** Dans l'autre, laisse les glaçons flotter dans l'eau, c'est la banquise.

Si la glace qui constitue la banquise fond, le niveau de l'eau ne change pas.

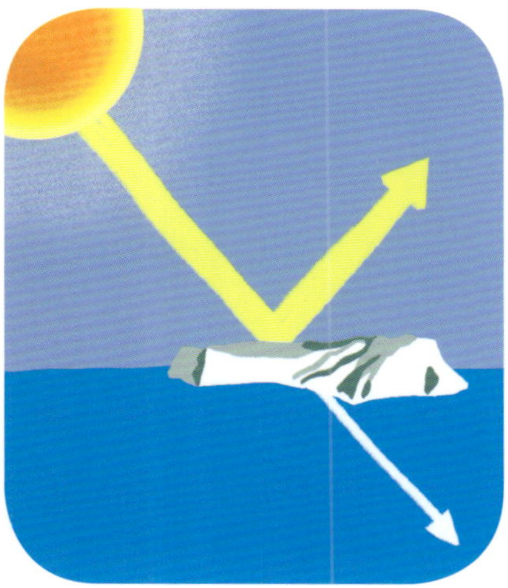

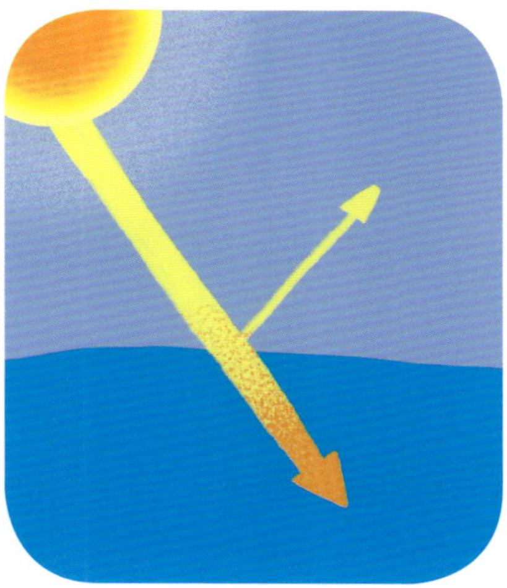

La banquise joue aussi un rôle dans le réchauffement de notre planète. C'est une grande **surface** blanche qui réfléchit les rayons du Soleil. Lorsqu'elle disparaît, l'océan en dessous est directement exposé au Soleil. Comme c'est une surface sombre, il se réchauffe encore plus vite.

# Comment agir contre le changement climatique ?

Pour éviter qu'il fasse trop chaud sur la Terre, il faut limiter les **gaz** à effet de serre. Il faut donc utiliser moins de pétrole, de charbon, de gaz ou d'électricité. Chacun de nous peut agir en consommant moins d'énergie...

... en éteignant les appareils électriques quand on ne s'en sert pas et la lumière dès qu'on sort de la pièce...

... en limitant les déchets et le gaspillage de l'eau...

... en améliorant l'**isolation** de nos maisons pour faire des économies de chauffage en hiver et de climatisation en été...

... en utilisant le vélo plutôt que la voiture pour les petits trajets, et les transports en commun pour les trajets plus longs.

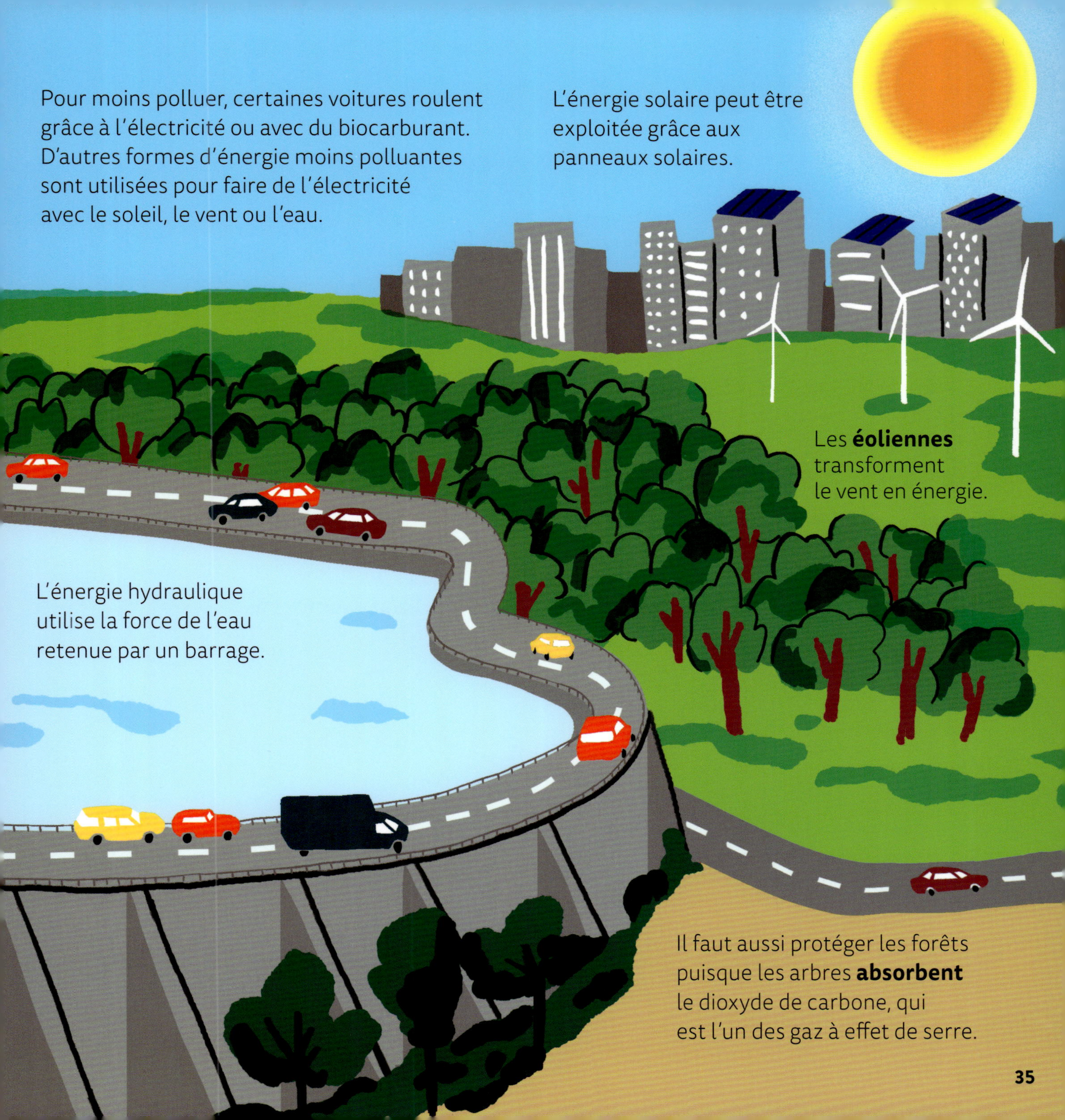

Pour moins polluer, certaines voitures roulent grâce à l'électricité ou avec du biocarburant. D'autres formes d'énergie moins polluantes sont utilisées pour faire de l'électricité avec le soleil, le vent ou l'eau.

L'énergie solaire peut être exploitée grâce aux panneaux solaires.

Les **éoliennes** transforment le vent en énergie.

L'énergie hydraulique utilise la force de l'eau retenue par un barrage.

Il faut aussi protéger les forêts puisque les arbres **absorbent** le dioxyde de carbone, qui est l'un des gaz à effet de serre.

# Mon p'tit dico du climat

Ces pages te présentent des mots employés quand on parle du climat. Toi-même, tu seras amené à rencontrer ces mots dans des activités que tu feras à la maison et à l'école.

**Absorber :** retenir.

**Alterner :** arriver l'un après l'autre, se succéder.

**Altitude :** hauteur d'un lieu par rapport au niveau de la mer (« en altitude » signifie « en hauteur »).

**Anémomètre :** instrument servant à mesurer la force du vent.

**Atmosphère :** couche de gaz qui entoure la Terre.

**Banquise :** couche de glace qui se forme dans l'océan quand sa surface gèle.

**Baromètre :** instrument qui indique le temps qu'il fait en mesurant la pression atmosphérique.

**Biodiversité :** ensemble des êtres vivants présents sur Terre.

**Calotte glaciaire :** grande étendue de glace continentale.

**Carotte :** échantillon de sol ou de glace prélevé en creusant avec un long tube.

**Cerne :** anneau formé d'une partie claire et d'une partie foncée et correspondant à une année de vie d'un arbre.

**Composition :** assemblage de plusieurs éléments.

**Courant marin :** mouvement de l'eau qui se fait en continu dans les mers et les océans, sur de longues distances.

**Dense :** dont la masse est importante par rapport au volume. Un objet dense a une masse importante et un petit volume. Un objet est plus dense qu'un autre si sa masse est plus importante que celle de l'autre, pour un volume identique.

**Désertique :** sec et chaud, avec peu de précipitations.

**Diagramme :** manière de présenter des informations sous forme de graphique.

**Dioxyde de carbone :** gaz à effet de serre.

**Échantillon :** petite quantité.

**Éolienne :** sorte d'outil qui a la forme d'un immense poteau avec des ailes et qui permet de transformer le vent en énergie.

**Équateur :** ligne imaginaire qui fait le tour de la Terre et la sépare en deux parties.

**Équatorial :** chaud et humide toute l'année.

**Événement climatique :** action liée au climat qui survient à un moment donné.

**Gaz :** substance qui n'est ni solide, ni liquide.

**Girouette :** instrument qui indique la direction du vent.

**Glacier :** étendue de glace continentale.

**Indice :** signe qui révèle quelque chose.

**Influencer :** avoir un effet sur quelque chose.

**Isolation :** protection contre le froid, la chaleur ou le bruit.

**Microscope :** instrument qui permet d'agrandir ce qu'on observe.

**Moyen Âge :** période ancienne de l'histoire.

**Période :** espace de temps, durée.

**Phénomène météorologique :** un événement météo qui survient à un moment donné.

**Pluviomètre :** instrument servant à mesurer la quantité d'eau de pluie tombée.

**Polaire :** très froid.

**Pôle :** point situé à une extrémité de l'axe de rotation de la Terre.

**Précipitations :** chute d'eau provenant de l'atmosphère sous forme liquide (pluie, bruine...) ou solide (neige, grêle).

**Préhistoire :** période très ancienne de l'histoire qui commence avec l'apparition des êtres humains.

**Pression atmosphérique :** c'est la pression de l'air, c'est-à-dire la force que l'air exerce sur tout ce qu'il rencontre et dans tous les sens.

**Relever :** noter, mesurer.

**Relevés météorologiques :** mesures de températures ou de précipitations.

**Serre :** structure couverte de vitres favorisant l'entrée de chaleur et de lumière, et donc la culture des plantes.

**Souche :** racines et partie du tronc qui reste, quand un arbre a été coupé.

**Source d'énergie :** élément ou phénomène que l'on peut utiliser pour produire de la chaleur, de la lumière, ou créer un mouvement pour faire fonctionner des machines.

**Surface :** partie ou couche visible d'un élément.

**(En) suspension :** qui flotte dans l'air.

**Température :** niveau du froid et du chaud qui se mesure en degrés.

**Tempéré :** ni trop chaud, ni trop froid, ni trop sec, ni trop humide.

**Thermomètre :** instrument servant à mesurer la température.

**Tropical :** chaud, marqué par une saison sèche et une saison humide.

**Vapeur d'eau :** c'est l'état de l'eau sous forme de gaz.

Découvre tous les titres de la collection

Mes P'tites Questions

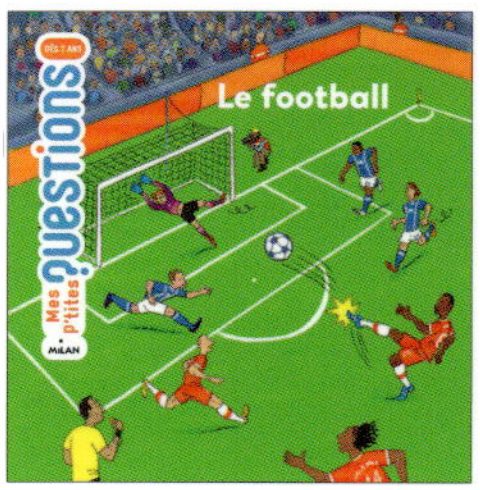

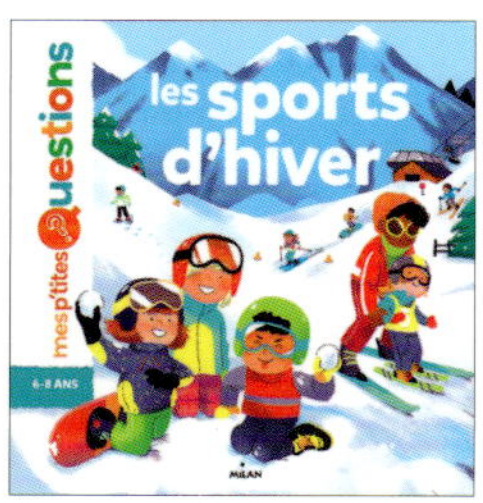